熊猫的秘密

张志和 著

五洲传播出版社

目　录

作者的话

憨态可掬的大熊猫，人见人爱，被誉为中国的国宝。它们整天看似一副悠闲自得的模样，但相关科学研究表明，大熊猫曾是地球生物进化史上的强者，已经在地球上繁衍生息了800多万年。后来，随着气候变化和人为活动影响的加剧，大熊猫的野外生存环境受到极大威胁，一度位列《世界自然保护联盟濒危物种红色名录》（简称IUCN红色名录）“濒危”物种。

新中国成立后，我国政府非常重视大熊猫的保护工作，不断强化栖息地整体系统保护。近年来更是站在生态文明建设的战略高度系统推动大熊猫国家公园建设，为国宝大熊猫提供更高层次的保护。

因工作关系，我时常有很多近距离观察和了解大熊猫的机会。30多年来，我渐渐发现，这些历经数百万年风雨、顽强地走到今天的大自然精灵，黑白分明的外表下有着丰富的内心世界，大大的黑色眼影下闪烁着智慧的光芒，看似慵懒的神态掩盖不住奔跑的矫健……

这本画册，试图揭开一点它们神秘的面纱，向人们展示大熊猫的隐秘生活和世界，以期有更多的人来关心、保护它们，保护我们共同拥有的这个脆弱家园。

张志和 博士，研究员

2023年5月22日

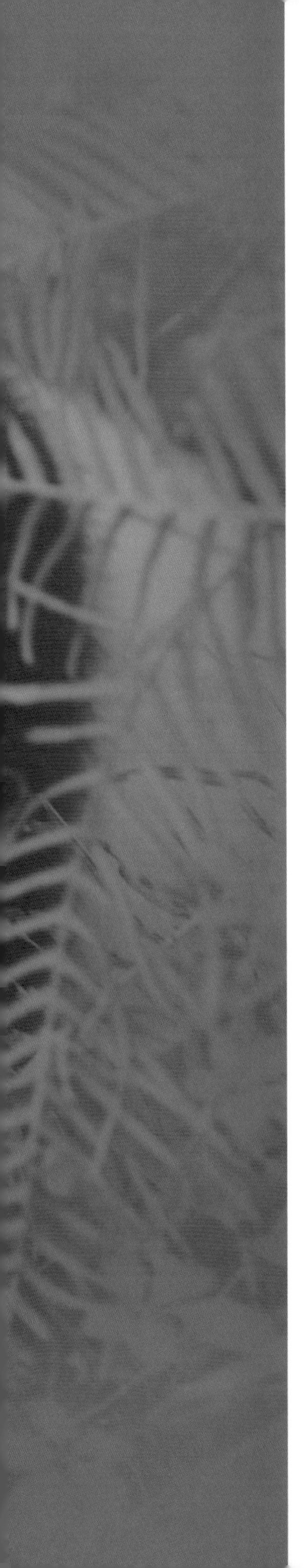

第一章

竹林隐士

在中国西部的巍巍高山上、幽幽深谷里，密密树丛下、苍翠竹林中，生活着世界上最美丽、最神奇和最不可思议的精灵之一，这就是“竹林隐士”——大熊猫。

大熊猫的生活习性十分独特。在野外，它们总是踽踽独行、行踪隐秘，从不轻易显山露水。茂密的树林给它们提供了天然而绝佳的定居生息、养儿育女之地。

野外的大熊猫大多生活在海拔2500米以上的高山上，在它们用勇气和智慧建立起来的森林王国里深居简出。

大熊猫

大熊猫（学名：*Ailuropoda melanoleuca*），哺乳动物，属食肉目熊科大熊猫亚科，是中国特有物种，被誉为“活化石”和“中国国宝”，现主要分布在四川、陕西、甘肃山区。1869年，法国传教士阿尔芒·戴维(Armand David)在四川宝兴县邓池沟丛林里首次发现大熊猫，从此，濒临灭绝的大熊猫走入人类科学研究视野。

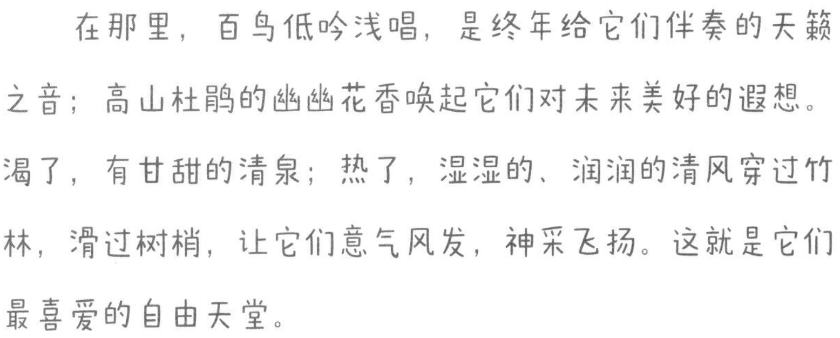

在那里，百鸟低吟浅唱，是终年给它们伴奏的天籁之音；高山杜鹃的幽幽花香唤起它们对未来美好的遐想。渴了，有甘甜的清泉；热了，湿湿的、润润的清风穿过竹林，滑过树梢，让它们意气风发，神采飞扬。这就是它们最喜爱的自由天堂。

大熊猫进化史

大熊猫是进化史上的强者。根据现有化石分析，早在800万年前的晚中新世，大熊猫的祖先——始熊猫（学名：*Ailuararctos lufengensis*）就生活在中国云南禄丰等地的森林边缘。始熊猫是一种由拟熊类演变而来的最早的熊猫，以食肉为主。在距今约300万年的更新世初期，始熊猫的主支在中国的中部和南部继续演化出现大熊猫小种（学名：*Ailuropada microta*），体型只有现在大熊猫的一半大，根据其化石牙齿推测，它已进化成为兼食竹类的杂食兽。始熊猫还进化出另一种葛氏郊熊猫（学名：*Agriarctos gaali*），分布于欧洲的匈牙利和法国等地的潮湿森林，但葛氏郊熊猫已在中新世末期灭绝。

要是没有诸如竹子开花、人类侵占了家园这等“天灾人祸”，这些深山精灵们通常都是衣食无忧，无须奔波劳碌的。一日当中，它们一般会把 14 小时左右的时间用来寻找和享受美味佳肴；花 8 至 9 小时入睡养神，跟人类通常的每日 8 小时睡眠习惯差不多；其余的时间或攀树玩耍，或四处走走看看，偶尔自己也“梳洗打扮”，以求安逸舒适。一切似乎都安排得井井有条，犹如闲云野鹤般地自由自在。

大熊猫对生活的环境温度要求很高，甚至可以说是挑剔，是典型的“喜冷怕热”型。只要条件允许，大熊猫总喜欢待在它们认为不冷不热、舒适宜人的地方——年平均气温一般都在4—15摄氏度左右。不难想象，它们有一身浓密的被毛，犹如终年穿着一件天然的“裘皮大衣”，自然是喜冷怕热了。

在夏季，随着天气越来越热，大熊猫会往海拔较高的地方迁居，因为那里更加凉爽，它们可以在清澈的山泉里畅游；在冬季，雪花飘扬，哪怕气温低到零下10摄氏度，它们仍然神采飞扬，还喜欢伴着飞雪起舞、和着风声歌唱。如果天气实在太冷，竹子结满冰霜，它们就会明智地往山下转移，因为海拔越低的地方就越暖和。有时候，它们甚至还会“造访”一下山脚下的人家，顺手牵羊“蹭”点食物。800万年的进化历程，面对数不清的风云变幻、霜雪严寒，大熊猫早已学会如何轻松应对这一切。

羚牛（学名：*Budorcas taxicolor*）
摄影 / 邓建新

小熊猫（学名：*Ailurus fulgens*）
摄影 / 汤开成

川金丝猴（学名：*Rhinopithecus roxellana*）
摄影 / 雍严格

生活在野外的大熊猫也有不少邻居，如身披一身金色外衣、面容奇异的川金丝猴，体型娇小、同为“素食主义者”的小熊猫，以及似牛非牛、似羊非羊的羚牛，等等。它们相伴而生、友好相处，树上林间、各取所需。但像豹、金猫、狼和豺这些猛兽，对它们可不友好，是它们与生俱来的敌人。成年大熊猫天生神勇、力大无穷，任何潜在的对手都得惧它们三分；但对涉世未深、还在成长中的大熊猫宝宝来说，这些天敌可就是一个巨大的威胁，要是没有妈妈的保护和教诲，它们就有落入“虎口狼窝”的危险。

第二章

奇异的婚配

到了 5 岁左右，熊猫姑娘们就有做妈妈的资格了。不过对熊猫小伙子来说，7 岁左右才是它们谈婚论嫁的最佳年龄。但也有不墨守成规或急不可耐者，在没有“长大成人”的时候就早早地大抛绣球、迎亲嫁娶了。

每年 2—5 月，高高的群山渐渐褪去了银装素裹，树梢上的冰花慢慢化成了晶莹的水珠。伴随着山谷里布谷鸟的鸣啭和杜鹃花的绽放，大熊猫们的“春心”也开始萌动，它们知道，恋爱的时节到了！

大熊猫的年龄段

根据大熊猫的不同成长阶段，可将其划分为幼年大熊猫、亚成年大熊猫及成年大熊猫。大熊猫一般在 5 岁左右达到性成熟，走向成年阶段。大熊猫的 1 岁，大致相当于人类的 3.5 岁。目前世界上最长寿的大熊猫为 38 岁，相当于 100 多岁的长寿老人。

这时候，先前天各一方、不相往来的熊猫爸爸妈妈们或姑娘小伙子们，都跃跃欲试起来，纷纷踏上了寻找爱侣的征途。山高林密，路途遥远，要找到情投意合的心上人可不是件容易的事情。不过，它们可有自己传情达意的奇思妙招。无论雌性还是雄性大熊猫，它们都能轻车熟路地在树上、石头旁留下自己“爱的讯号”，这些散发着只有它们才能明白的独特味道和信息的标记，是它们别具一格的“征婚启事”。同时，它们也会用声音来表达自己的心情和吸引对方，其声或高亢，或低沉，或婉转，或悠扬，情真意切、爱意绵绵。

不过，即便如此，要想“洞房良宵，花好月圆”还为时尚早，因为大熊猫对自己的配偶总是非常挑剔。特别是当熊猫姑娘貌美如花、追求者蜂拥而至时，熊猫姑娘就更成为高高在上的“公主”。为了赢得姑娘的芳心，追求者们不得不用实力说话，进行一场决斗，于是一场比武招亲的好戏就精彩上演了。

雌性大熊猫每年只排卵 1 次

雌性大熊猫每年的受孕窗口期（最佳受孕时间）只有不到 72 小时，如果错过了这个黄金时期，它们就无法在当年顺利怀上小宝宝，要想当妈妈就只有等待来年了！怪不得大熊猫数量这么少呢！

别看这些熊猫小伙子们平时温文尔雅、风度翩翩，一副谦谦君子的模样，此时的它们会为爱疯狂。无需刀枪剑戟，只凭赤手空拳，在响彻山谷的决斗声中，它们进行着一次又一次的较量，比力量、比勇气、比体魄、比技巧，打得难分难解，甚至血肉模糊。熊猫姑娘则在一旁坐山观虎斗，还不时发出诱惑之声，让双方越战越勇，决不轻易言败，直到分出高低。

此刻，除熊猫姑娘外，往往还有一些未成年的熊猫们在一边远远地观摩这出好戏。对它们来说，这不仅是好奇心驱使，更是它们难得的“偷师学艺”的绝佳机会。

当追求者决斗的硝烟散去、胜负尘埃落定之后，熊猫姑娘首先欣然接纳的就是决斗场上的“王者”。它清楚地知道，决斗场上的英勇顽强与最终胜利代表着这个胜出者一定有最优秀的遗传基因和潜质，会给它们的后代带来更加旺盛的生命力，带给自己家族更多的希望。

为了尽量让自己能当上妈妈，延续家族的一脉香火，在一个恋爱季节里，熊猫姑娘就不能“用情专一”或恪守“一夫一妻”的制度，只对一个“意中人”以身相许了。只要两情相悦、条件允许，它多半会与几个“白马王子”共沐爱河。

第三章

生命的奇迹

摄影 / 雍严格

每年，当大熊猫"完婚"之后，熊猫爸爸便离自己的新婚妻子而去，把孕育后代的重任完完全全地丢给了对方。

从一怀上宝宝开始，熊猫妈妈就知道，它必须为腹中的小生命储备更多的营养。在接下来处于怀孕初期的春季，它们一般会大量地采食竹笋。竹笋鲜嫩多汁，甘甜可口，营养丰富，理所当然地成了它们最喜爱的美食。

时间转眼到了6月，在炎热的夏季里，竹笋渐渐长高，变得不那么可口了，熊猫妈妈们便会聪明地选择营养相对比较丰富的竹叶，或者竹茎较嫩的部分；在早秋它们也会优先选择某些秋季生长的竹笋。一旦宝宝降生，它们就不会有以往那样多的时间和精力去找寻食物，因为新生的宝宝需要特别精心的呵护和照料。而且，抓紧时间在春季、夏季和秋季里多多采食，储存足够的养分，也可保证大熊猫们能够顺利熬过接下来的粮荒，度过严酷的冬季。

无论人还是其他动物，怀孕后的体型一般都会出现明显的变化。而即便怀了双胞胎的熊猫妈妈，甚至到了临产前，体型和外表也几乎和怀孕前没有两样，一如既往的圆圆胖胖，在它们身上似乎什么也没有发生。

大熊猫人工授精

大熊猫的人工授精是在非自然交配的情况下，将雄性大熊猫精子递送到雌性大熊猫的生殖道中，以达到受孕目的的辅助生殖技术。大熊猫人工授精技术对于圈养大熊猫的保护具有里程碑式的意义，为大熊猫的繁育和种群保护作出了重要贡献。

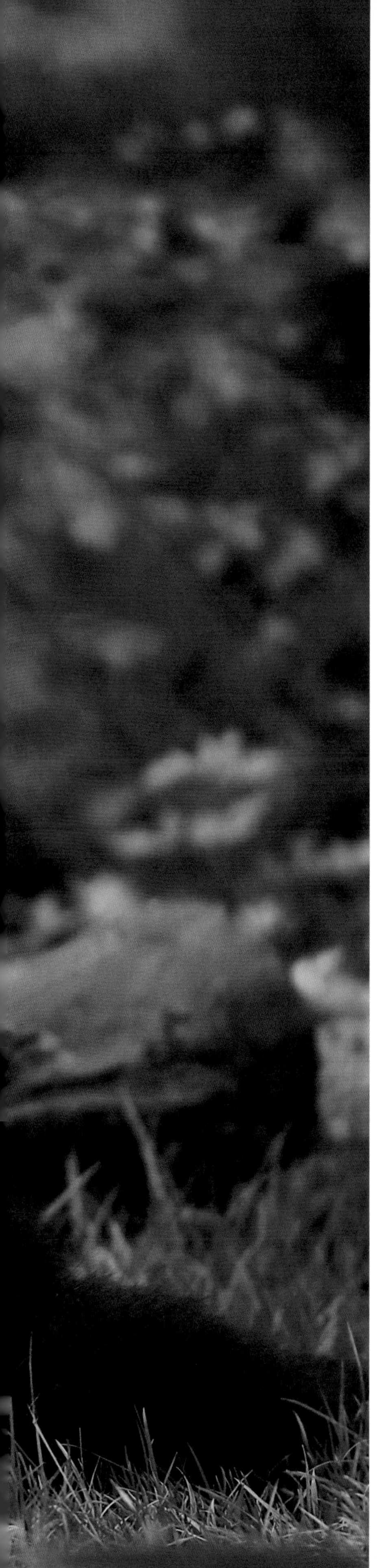

孕育新生命的过程异常艰辛，而大熊猫妈妈堪称世界上最为称职、最有爱心的妈妈。有时候，怀孕反应是如此强烈，大多数熊猫妈妈在临产前10多天食欲就大大下降，这种情况有时可达月余之久。这期间，它们不仅茶饭不思，活动也大大减少，绝大多数时间就是静静地躺着，似乎要让自己腹中的新生命尽可能远离尘世的喧嚣，专心专意地发育生长。

对人类而言，我们常说“十月怀胎，一朝分娩”，但大熊猫的怀孕期却十分奇特，明显地参差不齐，短的仅 82 天，长的有 225 天，甚至出现了罕见的 324 天这样的特例。尤为奇怪的是，新生宝宝的发育程度（如体重和体长等）却并不会因怀孕期的长短而呈现相应的差别。人们估计这可能是由于动物界一种特殊的胚胎“延迟着床”现象所致。目前，虽然已知近百种哺乳动物中都存在胚胎延迟着床的现象，但其内在机制在各个物种中存在很大的差异。而大熊猫的孕期到底真相如何，恐怕也只有未来的科学研究才能揭开个中的奥秘了。

宝宝出生前几天，熊猫妈妈显得特别烦躁不安。它们不停地走动，不时发出声声呼唤，像是对新生命的企盼；与此同时，熊猫妈妈往往还会四处衔来竹叶断木和枯草树枝，在一个干燥而避风的树洞或岩穴中为即将出生的宝宝营造一个温馨的家。

大熊猫胚胎延迟着床

大熊猫胚胎延迟着床，即大熊猫受孕后，受精卵在子宫内呈游离状态，直到后期才开始着床发育。导致胚胎延迟着床的因素和相关机制仍有待研究。

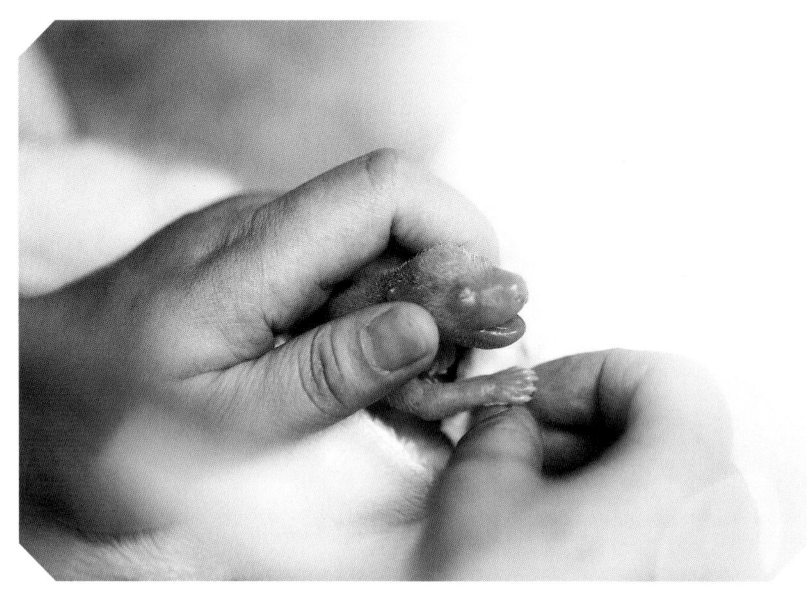

经过阵阵痛苦的挣扎，一个弱小而又顽强的新生命降临尘寰。新生熊猫宝宝的身材实在是太“渺小”了，它们的体重平均仅有 120 克左右，据现有资料记载，最小的只有 42.8 克，最大的也不过 270.4 克，平均体重仅为成年熊猫妈妈平均体重的 1/1000 左右。在所有哺乳动物中，这一比例是最小的。很难想象这样一个“超级小不点”可以渐渐地长成一个“超级大个子”。

熊猫宝宝的弱小，不仅在于体型太小，还在于刚出生时，它们身上好多的器官都发育不全：熊猫宝宝的眼睛只有一个微微凸起的黑点，完全没有视力；所谓的耳朵也没有耳廓，完全没有听觉；免疫器官的发育也十分不完善，胸腺也要到出生后才继续发育。可以想象，要把这样一个弱不禁风的脆弱生命抚养长大是何其艰难。

但新生熊猫宝宝的生命力又是顽强的。宝宝刚一降生就会拼命地爬动，还不停地发出声声尖脆的叫声，像是在骄傲地宣告它们的降临，其声音之大，有时候还会让一些初为人母的熊猫妈妈感到手足无措。要是妈妈没有及时轻轻地用嘴把它们衔起，揽入怀中，熊猫宝宝就会一直不停地大声啼叫。妈妈会不停地用它那温暖而湿润的舌头舔舐新生宝宝的全身，这种舔舐不仅给了宝宝极大的安全感，又可以清洁它们的身体，还可以像按摩一样促进其血液循环。

由于新生的大熊猫宝宝还没有自主排出大小便的能力，当熊猫妈妈用舌头舔舐它们的会阴部时，也可以有效地刺激它们排出粪便。有趣的是，一般在三个月前，绝大多数熊猫妈妈都会把宝宝的粪便吃掉，所以但凡由母亲养育的大熊猫幼仔，人们是很难观察到它们有粪便排出的。

大约在生下来2小时左右，熊猫宝宝就有了饥饿的感觉。对熊猫宝宝来说，妈妈的乳汁是唯一的营养来源，尤其是初乳，对它们能否成活可谓生死攸关。在宝宝出生的时候，熊猫妈妈的乳汁呈淡淡的绿色，犹如在奶中加入了少许绿色蔬菜汁。科学家们研究发现，熊猫的初乳中除了有十分丰富的必需营养物质如蛋白质、脂肪、维生素和各种酶以外，还含有大量各种抗体，这些抗体能够帮助大熊猫宝宝有效抵抗各种疾病的侵袭，对于宝宝接下来的健康成长也是十分关键的。最新的研究认为，初乳中的抗体和促进生长的关键因子持续存在的时间大约有30天，显著长于其他哺乳动物，这可能是一种满足大熊猫幼仔初生极轻体重状况的适应性进化需要。但初乳中的成分十分复杂，人们至今未能完全破解。

熊猫妈妈有4个乳房，体积不大，往往不容易被发现。刚刚出生的宝宝尽管个头极小，看不到周围世界也听不见声音，但它们似乎有一种本能，绝大多数都能很容易地找到妈妈的乳房；要是找不到，便会不停地在母亲的怀中爬动，同时大声急切地呼喊，寻求妈妈的帮助，熊猫妈妈就会调整身体的姿势以方便它们吃奶，母性特别强或育儿经验丰富的妈妈还会主动将宝宝移动到乳房的位置。一旦找到妈妈的乳头，宝宝的叫声便会戛然而止，专心专意地吃起香甜的乳汁来。

新生宝宝在有视觉和听觉之前，它们只能靠叫声、嗅觉和触觉来和妈妈进行交流和适应环境变化。无论它们感觉饿了、渴了，还是冷了、热了，或者妈妈把它们抚抱得稍稍紧了，它们都会主动地发出不同的声音，提醒妈妈要好好地、更加精心地照顾它们。就在这样一次又一次的母子沟通和交流中，熊猫妈妈和它的孩子渐渐地心有灵犀，配合默契，照顾起自己的孩子也就更加得心应手。

刚出生的熊猫宝宝红红嫩嫩，全身稀疏地披裹着一层细细的白色胎毛，完全看不出大熊猫的模样。到了大约出生后 15 天左右，宝宝的肩带、四肢和耳朵的皮肤便渐渐变黑了，稀疏的被毛也渐渐变得浓密。到 30 天时，从外形上看，它们已经是一个完完全全的大熊猫样子了。不过，它们在 6—7 周后才能睁开眼睛看世界，在大约 60 天后才对声音有感觉，要真正能眼观六路、耳听八方，可就要在 3 个月之后了。与身体长度相比，新生大熊猫宝宝的尾巴显得尤其长，而随着宝宝的长大，其尾巴与身体的长度比例就逐渐缩小了。

新生的大熊猫宝宝食量不大。一只初生体重约 120 克左右的熊猫宝宝在出生后的第一天大约要在熊猫妈妈那里吃 10 次奶，一天吃奶的总量大约为 15 毫升，甚至更少。随着宝宝一天天长大，它们的食量也越来越大，到它们 3 月龄时，每次可以吃下 100—300 毫升妈妈的乳汁，平均一天在 270 毫升左右；但这时候，它们每天吃奶的次数就减少了很多，一般为 1—2 次。

新生熊猫宝宝的活动能力比较弱。一般来说，出生时体重越轻的宝宝，其活动能力也就越差。在出生后90天内，熊猫宝宝的活动主要是由妈妈主导的，活动的范围十分有限，基本都在妈妈的怀中。随着身体的长大，它们的活动范围也越来越大，到4个月左右就能够自由自在地走动了。慢慢地，它们能跟随妈妈去探索周围的世界了，有时也会独自到家门外呼吸一下外面的新鲜空气，晒一晒和煦的阳光。但母子之间一般不会离得太远，一有风吹草动，妈妈就会立刻跑过去把孩子保护起来，并对来犯者发出“请勿靠近”的警告。

和妈妈一起生活的时间是熊猫宝宝一生最重要的时期之一。在这段时间里，它们需要学习独立生存的技巧，而妈妈正是它们最好的导师和教练，妈妈的言行举止就是它们最直接和最生动的教材。妈妈的言传身教让它们学到了不少的生存本领，比如，如何攀爬树木、防灾避险，如何寻找可口的竹子、寻找水源，如何寻找遮风避雨的场所，等等，这些都会成为它们今后经风历雨的基本生存之道。熊猫宝宝一天天长大，身体一天天强壮，越来越熟悉大山里的风风雨雨，到了一岁半至两岁左右的时候，熊猫妈妈便会强行让它们离开，去独立生活。熊猫妈妈知道自己的孩子已经长大，是时候独自去闯荡世界、面对未来了。

第四章

奇特的秉性

“素食者”的智慧

大熊猫的消化道很短，平均只有 5—6 米长，与老虎、豹子和狼等肉食动物的消化道长短十分相似，但它们可是地地道道的“素食主义者”。

大熊猫的食物99%以上都是竹子，种类有60余种，但其中仅有约27种是它们的最爱。竹子是极其容易生长的植物，无论在高山、在低谷，还是在平原、在丘陵，都有竹子的身影，分布十分广泛。可口的竹笋、清香的竹叶、脆嫩的竹茎，为它们提供了取之不尽的天然美食。大熊猫之所以能从几百万年前顽强地走到今天，也许就是它们审时度势，从“食肉”渐渐地进化转变为吃竹子，才能够历经风雨，安然地生存至今；而那些同时代的所谓强者由于不能适应这样的变化，早已消失在历史的长河中，这是一个典型的“适者生存”的例子。

竹叶尚未被完全消化的大熊猫粪便

大熊猫的消化特点

虽然历经几百万年的变化，但大熊猫的消化道依然保留着食肉动物的特点：短、直且简单。这样一来，食物在消化系统停留时间较短，再加上自身对竹子的消化率较低(平均不到 20%)，它们通常每间隔一小段时间就会排便，每天约排便 40 余次，一天的排便总量最多的时候可达 40 公斤左右，粪便中大部分都是未消化的竹子。

尽管竹子的营养不是那么丰富，但一天 10 多个小时的辛勤找寻和取食，加上它们并不算挑剔的口味，偶尔再去享受一些枸杞、猕猴桃之类的奇花异果、生态美味，也足以保证它们“衣食无忧”。比起食肉动物和人类享用的那些“鱼肉美食、山珍海味”，竹子的营养是如此之低，但大熊猫就是靠它，从一个柔弱、瘦小的生命迅速成长为一个拥有健壮身体的“大块头”，个中机理，至今还是一个专家们也说不清的秘密。

大熊猫对竹子的选择，再一次充分体现了这个古老生命的高超智慧。研究表明，它们选择竹子时，似乎总是秉承一个“最优法则”。它们十分清楚地知道在不同的季节哪种竹子最好吃，竹子的哪一部分最有营养、最合口味。但无论季节变换，无论身处何地，竹笋却永远是它们的最爱，只因为竹笋的水分和营养物质都十分丰富，特别是蛋白质含量最高，吃起来十分可口。

“工欲善其事，必先利其器”，与其他动物比起来，大熊猫经过数百万年的进化，在其前掌上形成了一个十分独特的“伪拇指”。有了这一“利器”，它们就能像我们人和其他灵长类动物一样抓握东西，尤其是它们吃竹子的手法堪称一绝，其灵巧和熟练程度令人叹为观止。

大熊猫的“伪拇指”

大熊猫从肉食动物演化而来，为了更好地抓握竹子，它们手掌心的肉垫逐渐进化为“第六指”，学名为“桡侧籽骨”，又称“伪拇指”——相当于人类的拇指，可以抓握竹子。之所以称为“伪”，是因为这根手指其实并没有关节和指甲，同时，如果伪拇指太长，熊猫在走路时会硌脚，所以它长得不长不短正合适，未演化成完整的手指。

大隐于林

大约在一至两岁左右，在野外生活的大熊猫“少男少女”们还和它们的妈妈生活在一起。再大一些，幼年的大熊猫将离开妈妈的怀抱，独自开始过自食其力的生活。从此，再没有妈妈的语重心长和细心呵护，它们需要用从母亲那里学到的一切本领，独自面对今后岁月里的风风雨雨，坚强而勇敢地到未知的世界去闯荡。

在圈养条件下，综合相关情况评估，通常人工饲养的大熊猫幼仔会在一岁半左右断奶，进行人工辅助喂奶或投食竹笋、竹叶等大熊猫食物。

大熊猫“窝窝头”

为了保障圈养大熊猫的营养均衡，饲养员通常会添加一些辅食窝窝头来补充营养。制作窝窝头的原料包括大米、玉米、大豆、燕麦、小麦、植物油，以及各种矿物元素和维生素等。

在一年之中的绝大部分时间里，大熊猫都生活在高山密林之中，独来独往，难觅其踪。它们往往形单影只，或觅食，或玩耍，或睡于树上，或栖于岩穴。只有在春天成年熊猫谈情说爱的日子里，它们才会三三两两，循迹而去，守在成年长辈或哥哥姐姐们“为爱疯狂”之地，“偷师学艺、观摩取经”，以便将来“长大成人”后好担当起传宗接代的重任。

对成年的大熊猫来说，也只有每年春暖花开的时候它们才会聚在一起“鹊桥会”，而短暂的相聚之后便又会分道扬镳、各奔东西。

在人类世界，我们常把那些具有大智慧，看破了世间红尘、人生冷暖而隐于山林的智者称为“隐士”。他们长期身居世外，整日与青灯为伴，粗茶淡饭，却心如明镜，任凭世间风云变幻。不知大熊猫这个神奇的精灵是否早就在数百万年的风霜雪雨中体会到生活的真谛、明白了生命的真实意义。它们长年累月隐藏于崇山峻林之中、人迹罕至之处，以竹为食；虽力大无穷，强健有力，却性情平和、与世无争。终年听流水，夜夜伴星辰，孤身只影，悄无声息，所以大熊猫能收获“竹林隐士”的雅号。

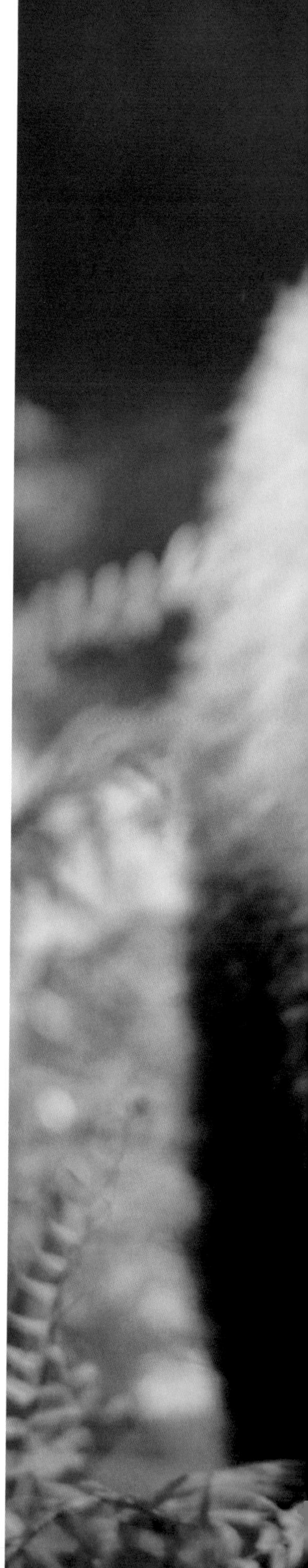

智者的动与静

在不少人的眼里，大熊猫总是一副行动迟缓、笨手笨脚的样子。也难怪，一个体重可达 150 多公斤、站起来可达 1.7 米之高的大个子，似乎永远都是慢条斯理地踱着步子，斯斯文文地吃着竹子，真是很难给人留下一个矫健灵活的印象。

科学家们推测，这可能是因为它们吃的竹子营养太低了，因而就需要过一种慢节奏的生活，以免消耗太多能量。也有人说，这是因为大熊猫天生比较“愚笨懒惰”的缘故。

其实，这是人们的错觉。大熊猫既喜静，也善动。静，则“静如处子”；动，则“动如脱兔”。只要需要，如感觉到危险临近，野外突遇天敌，或心情舒畅时，在平缓的地面上，它们可以健步如飞，年轻的小伙子也难以追上。在密林之中爬山涉水，更是它们的拿手好戏，我们就更难望其项背了，真可谓大智若愚， 一切皆“动静相宜，张弛有度”。在中国功夫中，人们常说练武之人，要练成绝世武功，必须要能够“站如松、坐如钟、行如风”，也不知道大熊猫是否早就深谙这武学之道，使之成为自己的生存之道。

尽管大熊猫体型庞大、身胖体重，但爬树攀岩却堪称它们的绝技。在野外，高高的大树不仅是大熊猫的御敌防卫场所，也是它们休息放松的绝佳之地。在树上，它们不仅可以呼吸更加清新的空气，享受和煦的阳光，还可在树上居高临下、一览众山。有时候它们整天、甚至几天都待在树上，或睡或坐。当遇到天敌或相互追逐嬉戏之时，它们可以很快地爬到高高的树上去，令对手只好在下面望其兴叹，速度之快也足可令我们人类自愧弗如。

大熊猫似乎具有天生的平衡本领。在高高的树上，有时候看见它们爬上令人目眩的树梢末端，荡来荡去、摇摇欲坠，以为它们快要掉下来，它们却总能一次次化险为夷，似乎清清楚楚地知道自己的所作所为是不是安全，分寸把握得恰到好处。在树上睡觉之时，它们还多半会找一个舒适的树干分叉处，“骑马”而坐、抱树而睡，甚是惬意和享受。

生物多样性

生物多样性是描述自然界多样性程度的一个内容广泛的概念，通常包括遗传（基因）多样性、物种多样性和生态系统多样性三个组成部分，是地球健康运行的基础，为人类的生存和发展提供必要的条件。像大熊猫这样颇具影响力的物种，能够进一步引起社会公众对于生物多样性保护的重视。

黑 白 之 道

在当今世界上，还没有哪种动物能像大熊猫那样征服了如此多人的心。无论男女老幼、肤色民族、语言信仰，人们无不为其神奇之处吸引、为其自然之美倾倒。

究其原因，有人说它们的颜色功不可没。黑白二色、宇宙之彩，鲜明自然、对称和谐，布局优雅、流畅无暇，暗合中国阴阳之道、太极神形之图，一见便可使人自然放松、身心舒畅。

大熊猫黑白结构之美无与伦比。其通体仅有黑白两色，二者环抱成圆，相映生辉。如率真孩子般的圆脸上有着一对八字型俏皮可爱的黑眼圈，头顶着一对圆圆的黑色绒耳，两肩厚实、体态丰满圆润。整体简单朴素，和谐统一，自然天成。

棕白色大熊猫

众所周知，大熊猫的毛色是黑白相间的，不过也有个别例外，野外观察曾发现了较为罕见的大熊猫变种个体——棕白色大熊猫，它们身上的黑色被毛全部变成了棕色。根据长期的科学研究，主要认为这一现象可能是由于地域微量元素差异、基因表达或返祖现象等因素导致。但目前所发现的棕白色大熊猫的母亲和后代皮毛都是黑白相间的，所以这个问题还尚有待进一步研究。

从外观看，大熊猫黑白颜色的搭配和布局犹如中国道家哲学里的一阴一阳，反差极强，又自然衔接，既简单又复杂，极富哲学意味，恰好与我们中国传统道家文化的“太极图”相印证，与中国道家哲理又丝丝入扣、不谋而合。

它们的生存之道又何尝不是道家哲理的体现呢？“圣人之道，为而不争”。比如，在取食策略上，它们以竹为食，避居深山，避免了与人或其他动物争夺食物；虽体型巨大，有虎熊之爪牙，猛兽之潜力，却性情平和，不主动攻击。它们这种“出世”“无为”之道，真有中国古代哲学家庄子推崇的“游心”于天地间之风范。

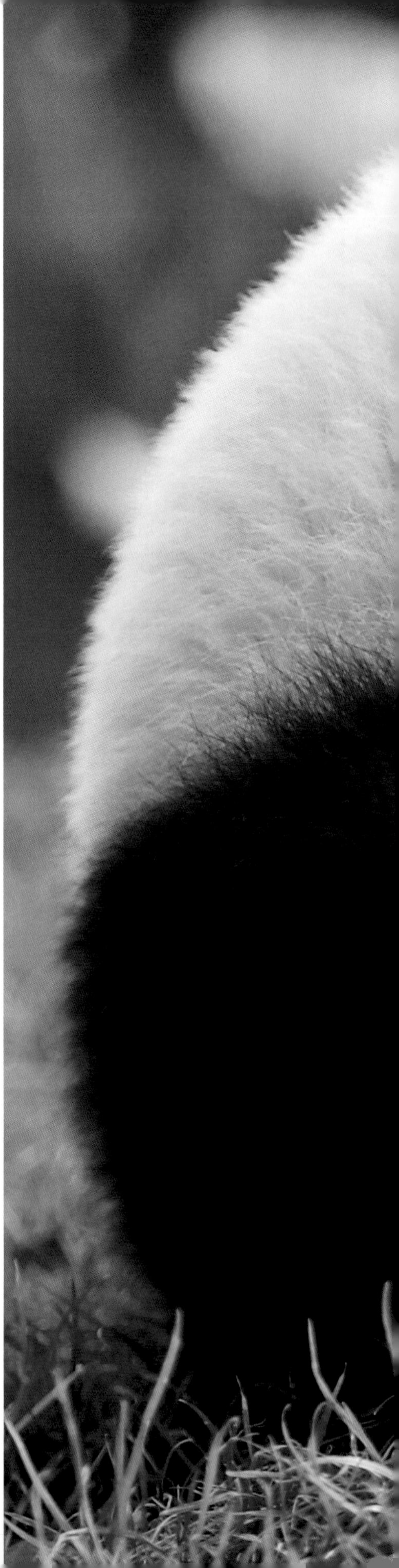

漫漫数百万年，曾经称雄一时的剑齿虎、剑齿象等早已灰飞烟灭于历史长河中，大熊猫却最终能够昂首生存至今，也再一次印证了老子的“无为而无不为”之理。

大熊猫“大道无为，大行其道”，以它们的友善与平和、神秘与传奇，成为和平与友谊的使者，向全世界彰显着它们的“黑白哲学”。

保护大熊猫的国际合作

大熊猫是中国的国宝，深受世界各国人们的喜爱。截至 2022 年初，在国家有关主管部门的指导和支持下，中国与美国、德国、法国、日本、西班牙、丹麦等 19 个国家的 23 家动物园建立了合作伙伴关系，共同开展大熊猫国际合作繁育研究，在大熊猫等珍稀物种的饲养管理、繁育、疾病防控和行为学研究方面取得突破性进展，成功构建了学术交流与友好往来的国际化平台。

爱水天性

大熊猫对水有很深的依赖情结，堪称天生好水。在野外，它们总是傍清泉而居，以便随时畅饮。即使到了数九寒冬，它们也要找到流水解渴，有时甚至破冰取水。为了找到可口的饮用水，它们常常不惜长途跋涉，从高高的山上来到河谷之中；一旦到达取水之处，便开怀畅饮，或干脆拉开架势，躺卧水边，以至于有时痛饮过度，而致行动不便、踉踉跄跄，犹如人之醉态。科学家认为大熊猫之所以喜好并且大量饮水，可能与大量采食竹子、需要进行消化和营养吸收有关。

它们对水的偏好，还表现在好洗澡上。在夏季，它们常常会坐卧水中，或相互嬉戏，或独自玩耍，兴之所至，忘情之时，还会手舞足蹈，玩一出“水上芭蕾”，不仅可以解除夏季炎热之苦，更有清洁皮毛、身体之功效。

旗舰物种

旗舰物种是指对全球生物多样性保护具有重大科研意义和社会影响力的代表性珍稀物种。大熊猫是全球生物多样性保护的旗舰物种，对大熊猫的保护，可以有效带动其他受威胁物种、伴生动物及相关自然生态系统的保护。

即使在冰天雪地之中，它们有时也会不顾寒冷地洗起“冰水浴”。照常理看来，成年大熊猫体型庞大，全身皮毛浓密，似乎涉水过河对它们来说应该不是件容易的事情。但实际上，大熊猫不仅可以涉水，还可以泅渡，人们在野外早就观察到过大熊猫渡过水流湍急的河流。

天生玩家

大熊猫天生好玩，幼年大熊猫更是如此。自打熊猫宝宝开始睁开眼睛，有了活动能力的时候，它们便渐渐表现出其天性中喜玩的一面。

在熊猫宝宝开始独立生活之前，妈妈就是最亲近的玩伴。它们时而相互追逐，时而互相轻轻撕咬。有时，宝宝又会做气势汹汹状，像运动员冲刺般向妈妈扑过去，甚至还爬到妈妈头上“作威作福”，主动“逗弄”妈妈。熊猫妈妈也常常主动“激发和鼓励”自己的孩子活动，或抚摸，或轻舔，或故意用前掌轻轻地压住宝宝，或故意把它们从树上拉下来，天伦之乐、舐犊情深，尤难言表。

在母子的嬉戏交流中，熊猫宝宝渐渐变得强壮了，它们从妈妈的言传身教中逐步认识了周围的世界，也学会了不少生活本领，比如怎样爬树，如何逃避危险，如何选择竹子，等等。

大熊猫的声音有很多种

通常情况下，大熊猫是很安静的动物，很少发出声音，但在特殊情况下，也会通过不同的声音传递或表达情绪。例如：在求偶、寻找幼仔的时候会发出类似羊“咩咩”叫的声音，受到惊吓时会发出犬吠一样的警告声，攻击时会发出嗥叫声，等等。

熊猫好玩，而且会玩，是个典型的“喜新厌旧”的主儿。人们常常会给圈养的熊猫一些“玩具”，或者叫“行为富化设施”，以便每天它们“有事可做”。可再新奇的玩具，它们玩过几天就腻了，人们就不得不常常给它们添置新的，以保持它们的好学劲儿。如果它们终日无所事事，便会郁郁寡欢，长期下来，会导致心理不健康，行为变得怪异，身体发育也会不正常。

环境丰容

相对于丰富多样的自然环境，圈养环境相对枯燥单一，为改善这种情况，科研及饲养人员会为其提供各种各样的安全的设施设备，如岩石、栖架、新奇的玩具、树桩、喂食装置等，并尽可能地模拟野外原生环境，丰富大熊猫的日常生活环境，让其充分展示天性。

大熊猫玩耍的一个招牌动作就是“翻筋斗”，技能之高超，恐怕就连我们的杂技演员也自叹不如。高兴的时候，它们可以十分快速地连续翻上六七个筋斗，就像一个圆圆的皮球滚滚而来。有时两只熊猫也会抱成一团，一起翻滚腾挪。

圈养的熊猫宝宝似乎也特别喜欢热闹。几只熊猫宝宝在一起时，它们便常常你追我赶，玩耍嬉戏，其淘气滑稽之状，令人忍俊不禁。要是各自独处，它们往往就难得一动，睡觉的时间更多。

圈养状态下，幼年大熊猫又似乎善通人性，特别渴望与人沟通交流。每当养育它们的饲养员和它们在一起时，它们便特别兴奋，特别喜欢表现自己，一个劲儿地拿出它们“翻筋斗”的招牌动作，还时常抱住饲养员不放，除了要吃要喝之外，往往就是期盼饲养员能与它们一同玩耍。

大熊猫谱系号

大熊猫谱系号是指在迁地保护中，按照统一的标准，每一只圈养大熊猫都拥有一个独一无二的编号，相当于人类的身份证号码，是圈养大熊猫的一个身份证明。大熊猫谱系号可以记录大熊猫的亲缘关系，确认基因来源，为圈养种群管理、制定年度繁育配对计划提供科学依据，避免近亲繁殖和种群退化。

一生好学

由于注定长大后要过独立、隐居的生活，所以从小到大，大熊猫需要学习的东西就很多，尤其是从幼年到成年这一时期的大熊猫更是如此，幸好它们天生就好学和善学。

就拿幼年大熊猫来说，它们的好奇心特别强，对一切新鲜事物都十分感兴趣，学习起来也特别主动和自觉。熊猫宝宝一旦长到了四月龄左右，有了独立爬动和行走能力之后，就会用好奇的眼光去打量周围的一切，树木、花草、竹丛、水池……凡是能够发现的，总要尝试探究一番。

就说爬树，刚开始它们总是小心翼翼，爬树的速度也慢，特别对于那些高高的树枝，它们总是十分谨慎地慢慢尝试，一旦觉得有危险，比如估计树枝太细承载不起自己的体重时，它们是绝不会去冒险的。当然个别粗心大意的家伙也有马失前蹄的时候，但它们很会总结经验、吸取教训，不会老犯同样的错误。

一旦它们轻车熟路、摸清了树上的情况之后，胆子就慢慢地大了起来，爬上爬下，速度极快。它们还会像杂技演员一样耍出一些高难度的花样，像体操运动员一样做出单杠、双杠、平衡木、倒立等五花八门的动作。有时，人工圈养状态下的熊猫宝宝还喜欢三五成群地在树上你追我赶，嬉戏打闹。

成年大熊猫则是天马行空的“独行侠”。由于要独自面对生活，需要学习的东西就尤其多，比如怎样找食竹子、发现水源、适应环境、防病避险、谈婚论嫁和生儿育女等等，都是它们随年龄的增长必须逐渐学习的“功课”。它们大概知道不善学习、不下诸多功夫去好好学习，是断难在崇山峻岭里“安身立命”的。

故土难离

在野外，每只大熊猫的巢域约有4—7平方公里大小。一般来说，雄性活动范围比雌性要稍大一些。与老虎、黑熊等左邻右舍相比，它们的地盘可小多了。就是在这小小的天地之间，它们还有自己特别钟爱的区域，那里一般都竹林繁茂、食物丰盛、清泉长流，也利于隐蔽。

摄影／唐丽蓉

对雄性大熊猫来说，钟爱的区域周边往往还有几个熊猫姑娘生活着，以便春暖花开之时谈情说爱。对熊猫姑娘们来说，它们在自己的地盘上的活动范围和活动量都要小得多，主要集中在“核心区域”活动，这个核心区域实际上就是它们的天然“产房”，里面水源、食物充足，阳光明媚，地形等也都适合生儿育女，那儿还有天然的枯树洞或岩洞，成为它们极佳的生产和养育儿女的场所。

因为在不同季节找寻食物的难易程度不一样，大熊猫每天在野外活动的范围大小也是不同的。在冬天，要找到可口的嫩竹子可不是件容易的事情，那就不得不多费点神、多走点路了。它们的活动范围有时也会重叠，难免偶然相遇，不过它们不会为此大打出手，通常都保持君子风度，相互礼让回避。

大熊猫的“故乡情结”浓厚，十分恋家。一旦定居下来，它们通常都会固守自己的家园，不会轻易搬家，除非有天灾人祸，才不得已远走他乡。在野外，就曾经有研究人员把大熊猫搬到离其原居住地几十公里远的地方去，结果它们还是执着地长途跋涉，回到熟悉的故土，真可谓故土难离啊！

疾患之忧

大熊猫会生病吗？答案是肯定的。尽管大熊猫体格健壮，吃的是天然食物，呼吸的是高山上的新鲜空气，但它们还是会患各种各样的疾病，如感冒、肺炎、腹泻、消化不良、寄生虫病（蛔虫病、螨虫病等），甚至肿瘤、癌症等。

科学家们发现，在大熊猫所患的疾病中，圈养的大熊猫以患消化道疾病的比例居多，生活在野外的大熊猫患蛔虫病的比例最高。而对大熊猫威胁最大的还是一些由细菌和病毒引起的传染性疾病，如由致病性大肠杆菌引起的“出血性肠炎”，以及由犬瘟热病毒引起的“犬瘟热病”。犬瘟热已成为威胁大熊猫种群数量和生命安全的第一大传染病，很多犬科动物，不管是家养的，还是野生的，都易感染和传染这种病毒。我们能够做的，就是尽一切可能防止把这种可怕的疾病传染给大熊猫。

大熊猫是近视眼

按照人类的标准，大熊猫是个不折不扣的近视眼，只能看清几米以内的物体。但这丝毫不会影响到它们在野外的生活，在自然状态下，大熊猫生活在光线较弱的竹林或树林中，能见度较低。和很多野生动物一样，大熊猫主要依靠嗅觉和听觉来寻找食物或者躲避天敌。

大熊猫所患疾病中，有些和我们人类所患的疾病是一样的，专家们把它叫作“人兽共患病”。比如：有时饲养员得了感冒，也可能会传染给大熊猫，特别是抵抗力比较差的幼年大熊猫更易被传染；有时候大熊猫得了“病毒性腹泻”，饲养员也会发生轻微的腹泻。甚至已经在大熊猫体内发现它们感染人的乙型脑炎的证据。所以，对大熊猫保护来说，疾病的防治是非常重要的一个环节。

身体上的问号

大熊猫已经在地球上生活了 800 多万年。尽管早在数千年前，在中国众多的典籍文献中就不乏对它们的记载，但即便时至今日，它们的“庐山真面目”仍然神秘莫测，人们对大熊猫的世界仍然知之甚少。

现在大熊猫还吃肉吗？

大熊猫从肉食动物进化而来，现虽以竹子为主食，但是野生大熊猫的食性相对较广。野外研究调查发现部分大熊猫粪便中存在未消化完全的动物残骸和毛发，也曾记录到野生大熊猫偶尔会取食动物残骸的行为。

比如，新生熊猫宝宝为何体型如此之小，却有着超乎我们想象的顽强生命力？它们的生长速度为何如此迅速，一个体重100余克的大熊猫新生宝宝在短短的12个月中就可以长到30公斤以上？竹子的养分如此之低，但却是它们赖以为生的主要食物，它们是如何靠它保持身体的正常发育，并生儿育女的呢？它们的消化道结构完全是虎、豹这类食肉动物的消化道模样，为什么却以竹为生，有时甚至还吃一些野草？数百万年，它们在这个地球上生活如何适应环境、如何进化？顽强地生存至今，又是如何做到的？

诸如此等疑问，我们至今都还找不到明确的答案！

长久以来，科学家们对大熊猫的分类一直都争论不休，没有一致结论。不过最近的 DNA 分析表明，大熊猫属于熊科。

大熊猫具有人脸识别能力

根据大熊猫的视觉能力研究，大熊猫具有识别人脸及表情的能力，它们能够识别出不同的人类表情，尤其是高兴和愤怒两种表情。五至七岁的年轻成年大熊猫比年长的大熊猫更能识别异种动物的情感信号。

大熊猫偏偏只爱吃竹子，原来是尝不出肉有多鲜美

人的味觉能够感受到肉的鲜味，所以觉得吃肉很香。在大熊猫还是始熊猫的时候，也是以肉为食，但随着环境的变化，大熊猫食性的改变导致其味觉基因中感知肉鲜味受体基因 TAS1R1 应用越来越少，进而发生假基因化。有人认为，假基因化是一种退化，但是如果从大熊猫适应饮食的角度来说，TAS1R1 假基因化也是一种进化，可以让大熊猫更好地吃竹子。

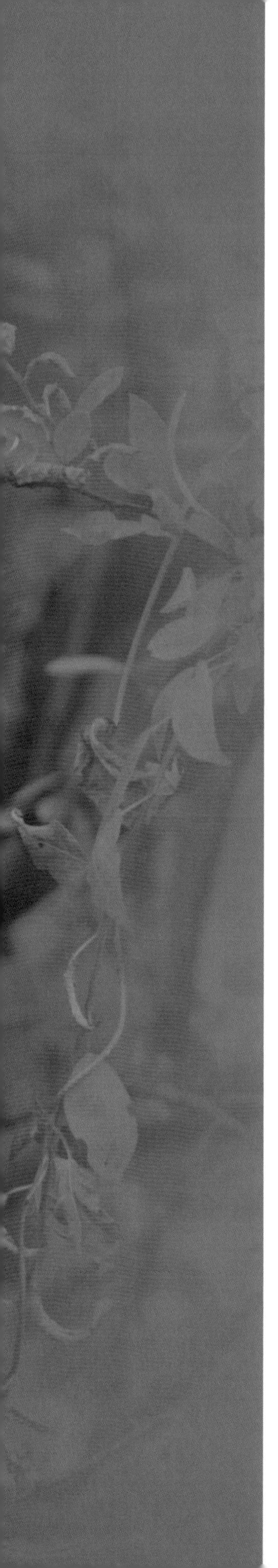

第五章

明天更美好

大熊猫是中国特有的珍稀物种，被列为国家一级保护动物。

过去的几十年，由于人类对自然的过度开发和利用，大熊猫自然栖息地减少、破碎化严重，导致种群隔离，增加了孤立小种群灭绝风险。

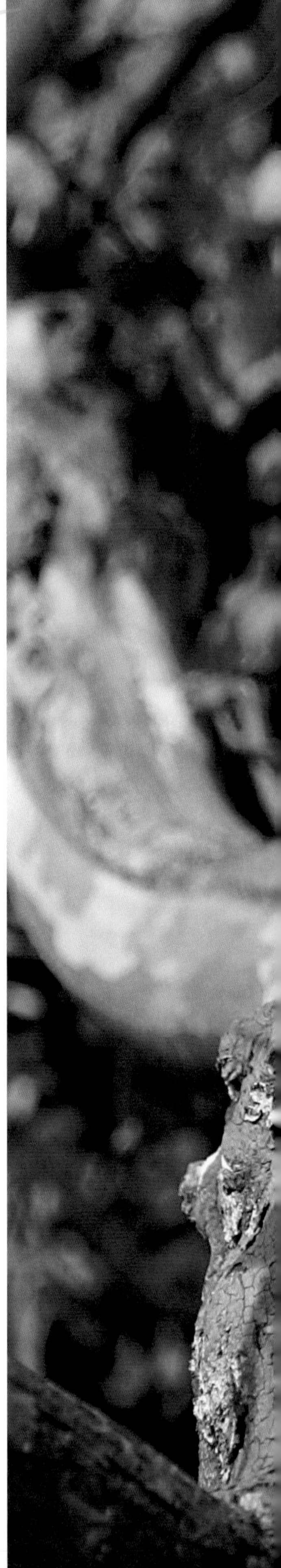

就地保护

就地保护是指是将被保护对象所在的一定陆地或水体面积划分出来，通过建立自然保护区等方式，对代表性珍稀濒危动植物及其主要集中分布区的自然生态系统进行保护和管理，是保护生物多样性最行之有效的措施之一。

摄影 / 邓建新

拯救国宝之路历尽艰辛。为实现野生大熊猫种群的稳定繁衍，中国大力推进系列生态修复工程，进行廊道建设，提升栖息地的连通性。1963 年以来，中国积极推进栖息地保护，保护区从 3 个发展到 13 个……到 2017 年，中国政府在秦岭、岷山、邛崃山、大相岭、小相岭和凉山等六大山系先后建立了 67 个大熊猫自然保护区（处），总面积达 33600 平方公里，保护野生大熊猫种群 1246 只，使 66.8% 的野外大熊猫都得到了保护。

正是由于这些富有远见而卓有成效的工作，使得野生大熊猫保护取得了重要进展。2015 年 2 月公布的全国第四次大熊猫调查结果显示，中国野生大熊猫种群数量从 20 世纪 80 年代的 1114 只上升到 1864 只，总体保持增长态势。

在尽力保护野外大熊猫的同时，自 20 世纪 80 年代起，中国还投入了大量人力物力，开展人工繁育研究，进行迁地保护。截至 2022 年底，圈养大熊猫的种群数量已经达到了 698 只，给大熊猫的未来又上了一道保险，颠覆了有关“大熊猫将在动物园灭绝”的悲观论断。

迁地保护

又称易地保护，一般情况下，当物种的种群数量极少，或者物种原有生存环境因自然灾害或者人为因素被破坏甚至不复存在时，把受到严重威胁的物种迁出原地，移入动物园、植物园、水族馆和濒危动物繁殖中心或建立种子库等，进行特殊的保护和管理。迁地保护为行将灭绝的生物提供了生存的最后机会。

由于大熊猫种群数量的增加，2016 年 9 月 4 日，世界自然保护联盟宣布，中国国宝大熊猫的受威胁程度由“濒危”降为“易危”。成功摘掉了“濒危”的帽子，反映出中国保护大熊猫实践的成功及其生态环境的改善，无疑是对中国野生动物保护事业的最大肯定！

但是，我们也应清醒地认识到，大熊猫仍然面临总体种群太小、种群交流状况有待改善、栖息地破碎化、疾病和天敌等多方面的威胁。因此，受威胁程度“降级”，但保护力度不能减弱，大熊猫依然是国家一级保护动物。

2017 年，四川启动大熊猫国家公园体制试点，中国的大熊猫保护又上了一个新台阶。

2019 年，国家全面推进大熊猫国家公园试点工作。

2021 年，大熊猫国家公园正式成立，以整合优化自然保护区，实现大熊猫栖息地整体保护、系统修复。

现在，大熊猫国家公园横跨四川、陕西和甘肃三省，总面积达 21978 平方公里，其中四川片区以岷山、邛崃山及大、小相岭为核心保护区域，共 19327 平方公里，占总面积的 87.94%，有效提升了大熊猫自然栖息地的完整性、连通性，为大熊猫种群稳定奠定坚实基础，有力推动生态系统多样性的保护。

摄影 / 尹霜林

“万物各得其和以生，各得其养以成。”生物多样性保护关乎人类福祉和地球未来。让我们大家携起手来，构建地球生命共同体，赋能生物多样性保护，让地球万物都得以滋养，为子孙后代保护地球这个人类共同的、唯一的家园。

我们相信，大熊猫的明天一定会更加美好！

图书在版编目（CIP）数据

熊猫的秘密 / 张志和著 . -- 北京 ：五洲传播出版社，2023.5

ISBN 978-7-5085-4805-0

Ⅰ . ①熊… Ⅱ . ①张… Ⅲ . ①大熊猫－普及读物 Ⅳ . ① Q959.838

中国版本图书馆 CIP 数据核字 (2022) 第 154654 号

熊猫的秘密

出 版 人　关　宏
图文作者　张志和
责任编辑　王　莉
特约编辑　魏　玲　李　欢
版式设计　殷金花
封面设计　李　庆
制　　版　北京紫航文化艺术有限公司
出版发行　五洲传播出版社
地　　址　北京市海淀区北三环中路 31 号生产力大楼 B 座 6 层
邮　　编　100088
发行电话　010-82005927，010-82007837
网　　址　http://www.cicc.org.cn，http://www.thatsbooks.com
印　　刷　北京市房山腾龙印刷厂
版　　次　2023 年 7 月第 1 版第 1 次印刷
开　　本　889 mm×1194 mm　1/16
印　　张　12.25
字　　数　80 千字
书　　号　ISBN 978-7-5085-4805-0
定　　价　108.00 元